BEI GRIN MACHT SICH IHR WISSEN BEZAHLT

- Wir veröffentlichen Ihre Hausarbeit,
  Bachelor- und Masterarbeit

- Ihr eigenes eBook und Buch -
  weltweit in allen wichtigen Shops

- Verdienen Sie an jedem Verkauf

Jetzt bei www.GRIN.com hochladen
und kostenlos publizieren

Bibliografische Information der Deutschen Nationalbibliothek:

Die Deutsche Bibliothek verzeichnet diese Publikation in der Deutschen National-
bibliografie; detaillierte bibliografische Daten sind im Internet über http://dnb.d-
nb.de/ abrufbar.

Impressum:

Copyright © 2012 GRIN Verlag, Open Publishing GmbH
Druck und Bindung: Books on Demand GmbH, Norderstedt Germany
ISBN: 9783668262645

Dieses Buch bei GRIN:

http://www.grin.com/de/e-book/336241/quantitative-analyse-protokoll-zum-prak-
tikum

Manuel Langer

Aus der Reihe: e-fellows.net stipendiaten-wissen

e-fellows.net (Hrsg.)

Band 1979

Quantitative Analyse. Protokoll zum Praktikum

GRIN Verlag

Protokoll zum Praktikum Quantitative Analyse (Ana2)

Labor A 0.51

Inhaltsverzeichnis

1. Zusammenfassung der Ergebnisse

Analysemethode	Spezies	Konzentration/Menge
UV-Spektroskopie	Cr(VI)	$m(Cr(VI)) = 68{,}8$ mg/100mL
Konduktometrie	Ba^{2+}	$m(ZnSO_4) = 97{,}55$ mg
FES	K^+	$m(K^+) = 1{,}57$ mg/100mL
Ionenchromatographie	F^-, NO_3^-, PO_4^{3-}	$m(F^-) = 1{,}22$ mg/L $m(NO_3^-) = 4{,}99$ mg/L $m(PO_4^{3-}) = 9{,}61$ mg/L
Argentometrie	Cl^-	$m(Cl^-) = 110{,}85$ mg
AAS	Fe^{3+}, Mn^{2+}	$m(Fe^{3+}) = 34{,}35$ mg/100mL $m(Mn^{2+}) = 33{,}92$ mg/100mL
Konduktometrie	HCl, HAc	$m(HCl) = 38{,}98$ mg $m(HAc) = 46{,}57$ mg
Komplexometrie	Ca^{2+}	$m(Ca^{2+}) = 109{,}75$ mg
Potentiometrie	H_3PO_4	$m(H_3PO_4) = 107{,}13$ mg/100mL
Gravimetrie	Ni^{2+}	$m(Ni^{2+}) = 141{,}7$ mg

2. Geräteliste

- 7 Kolben 100 mL, Klasse A, ± 0,1 mL

- Vollpipette 10 mL, Klasse AS, ± 0,02 mL

      20 mL, Klasse AS, ± 0,03 mL

      50 mL, Klasse AS, ± 0,05 mL

- Becherglas 100 mL, 500 mL

- Bürette 25 mL, Klasse AS, ± 0,03 mL

- Magnetrührer mit Rührfisch

3. Allgemeine Berechnungsformeln und Beziehungen

Arithmetisches Mittel: $\bar{x} = \dfrac{1}{n} \sum_{i=1}^{n} x_i = \dfrac{x_1 + x_2 + \cdots + x_n}{n}$

Konzentration: $c(x) = \dfrac{n(x)}{V(x)}$

Molare Masse: $M(x) = \dfrac{m(x)}{n(x)}$

4. Bestimmung von Cr(VI) in Wasser über Photometrie

Bei diesem Versuch wird die Konzentration an Chrom einer K_2CrO_4 Lösung mittels eines UV-Vis-Spektrophotometers ermittelt. Dazu werden eigene Kalibrierlösungen hergestellt und mit deren Hilfe eine Kalibriergerade erstellt, anhand der der Chromgehalt der unbekannten Probe ermittelt werden kann. Alle Lösungen werden im basischen erstellt, damit sich das Gleichgewicht nicht auf die Seite des Dichromat verlagert, denn dies hätte andere Emissionwerte.

$$2\ CrO_4^{2-} + 2\ H^+ \leftrightarrow Cr_2O_7^{2-} + H_2O$$

4.1 Probenaufbereitung

Die erhaltene Analyse wird zunächst auf 100 mL mit dest. Wasser aufgefüllt (Konzentration(c) = 500 – 2000 mg/L). Anschließend werden 10 mL in einen neuen Maßkolben gefüllt und wiederum mit dest. Wasser auf 100 mL aufgefüllt (c = 50 – 100 mg/L). Zuletzt werden noch einmal 10 mL in einen dritten Maßkolben gefüllt, mit 20 mL 0,1M NaOH versetzt und mit dest. Wasser auf 100 mL aufgefüllt (c = 5 – 20 mg/L). Der Verdünnungsfaktor beträgt somit 100

4.2 Herstellung der Kalibrierlösung

75,0 mg K_2CrO_4 abgewogen, in Messkolben gegeben und mit 100 mL dest. Wasser aufgefüllt (c = 200 mg/L). Es werden 10 mL abpipettiert, in einen neuen Kolben gegeben, mit 20 mL 0,1M NaOH versetzt und mit dest. Wasser auf 100 mL aufgefüllt (c = 20 mg/L: **Kalibrierlösung 1**). Aus dieser Lösung werden 50 mL entnommen, ein einen neuen Maßkolben gegeben, wiederum mit 20 mL NaOH zugegeben und mit dest. Wasser auf 100 mL aufgefüllt (c = 10 mg/L: **Kalibrierlösung 2**). Aus der zweiten Kalibrierlösung werden 50 mL entnommen, in einen neuen Messkolben überführt, 10 mL NaOH hinzugefügt und auf 100 mL aufgefüllt (c= 5 mg/L: **Kalibrierlösung 3**)

<u>4.3 Messungen:</u>

Zuerst werden die Kalibrierlösungen bei λ = 373,0 nm gemessen. Reinstwasser dient hierbei als Referenzlösung.

	Konzentration in [mg/L]	Absorption
Kalibrierlösung 1	20,000	1,820
Kalibrierlösung 2	10,000	0,910
Kalibrierlösung 3	5,000	0,462

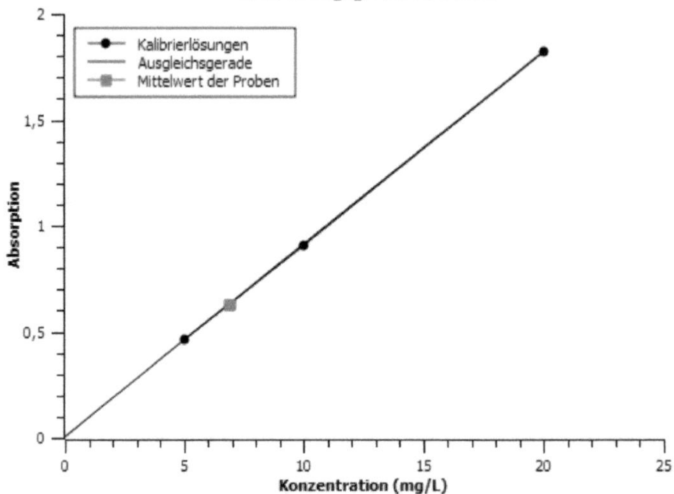

Geradengleichung:

Abs(c) = 0,0906c+0,0070   umstellen nach c liefert: c = 11,0375Abs(c)-0,0773

Messung der Probe bei λ = 373,0 nm.

	Konzentration in [mg/L]	Absorption
Probe 1	6,895	0,632
Probe 2	6,863	0,629
Probe 3	6,876	0,630

Mittelwert der Probenmessung: $\bar{x}$ = 6,878 mg/L

Über den arithmetischen Mittelwert und den Verdünnungsfaktor kann auf die ursprüngliche Konzentration zurückgerechnet werden:

$c_{verdünnt}(Cr(VI)) = 6,878$ mg/L   multipliziert mit dem Verdünnungsfaktor:

$c_{verdünnt}(Cr(VI)) = 6,878$ mg/L $* 100 = 687,8$ mg/L $= c_{anfang}(Cr(VI))$

$$= 68,8 \text{ mg/100mL}$$

4.4 Fehlerquellen

- Messfehler der Waage bzw. Fehler beim Abwiegen von K_2CrO_4

- Diskrepanzen beim Volumen der Kolben und Pipetten

- Fehler beim Ablesen der Skalen

- Verunreinigtes Wasser und Geräte

- Ungenaues Überführen der Lösungen in neue Kolben

- Ungenauigkeit des Messgerätes

5. Konduktometrie (Ba^{2+})

Im Zuge dieses Verfahrens wird die Menge an Ba^{2+} in einer Lösung über eine konduktometrische Bestimmung ermittelt. Dabei wird zu einer Lösung, die Ba^{2+} Ionen enthält mit 0,1 M $ZnSO_4$-Lösung titriert und die Leitfähigkeit gemessen.

5.1 Probenvorbereitung

Der Maßkolben mit der Probelösung wird auf 100 mL aufgefüllt und es werden zweimal 20 mL und einmal 50 mL entnommen, in ein Becherglas (100 mL) überführt und titriert. Die 20 mL Proben werden mit etwas dest. Wasser aufgefüllt, sodass Elektrode ausreichend tief in die Lösung eintaucht. Zudem wird sie über eine Klemme und eine Muffe arretiert.

(1) Analyselösung 20 mL:

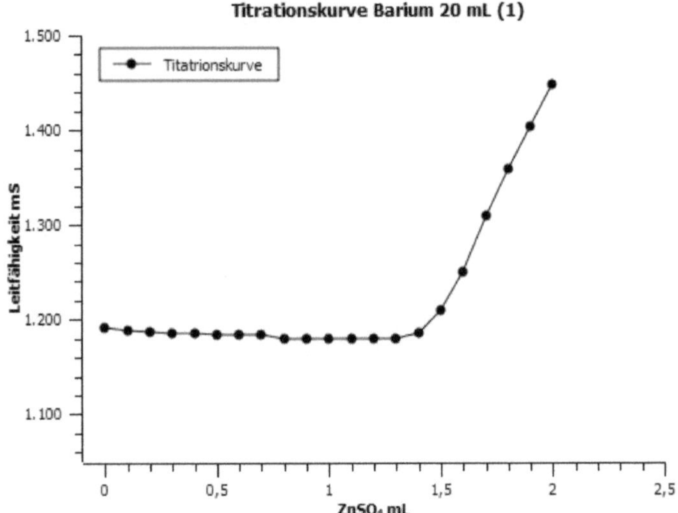

(2) Analyselösung 20 mL:

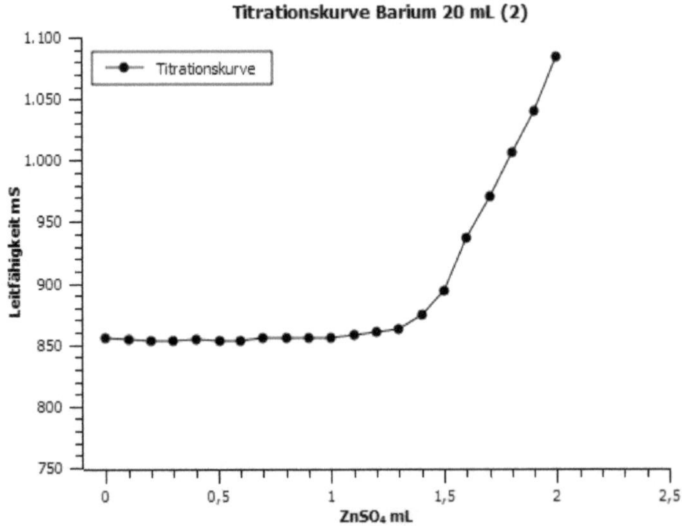

(3) Analyselösung 50 mL:

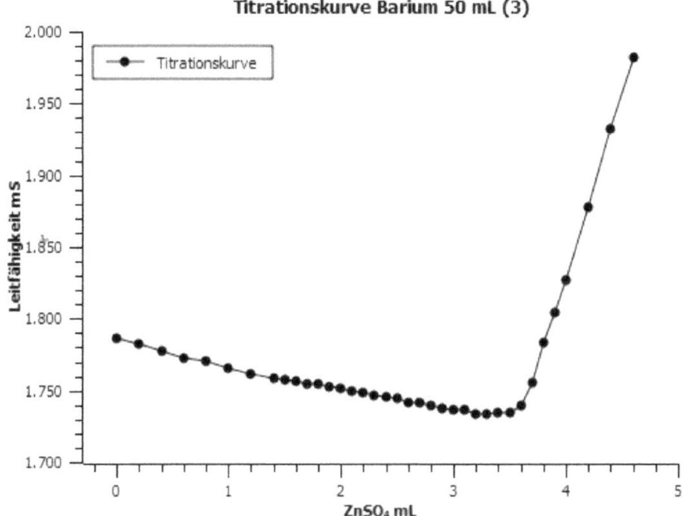

5.3 Auswertung

(1) Analyselösung 20 mL:

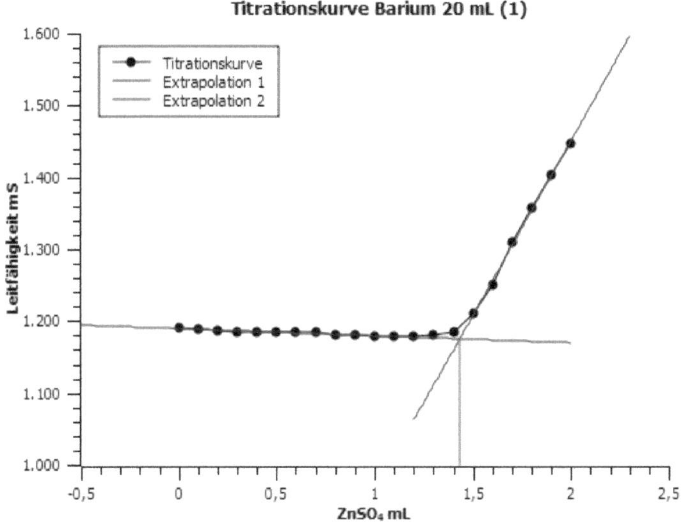

Geradengleichung: Extrapolation 1: y = -9.8351*x+1189.4396

Extrapolation 2: y = 485.1429*x+480.6667

Der Äquivalenzpunkt ist der Schnittpunkt der Geraden:

485.1429*x+480.6667 = -9.8351*x+1189.4396   -> x = 1,4319

Der ÄP liegt bei V(ZnSO$_4$) = 1,4319 mL

Auf 100 mL entspricht dies: V(ZnSO$_4$) = 1,4319 mL * 5 = 7,1596 mL

(2) Analyselösung 20 mL:

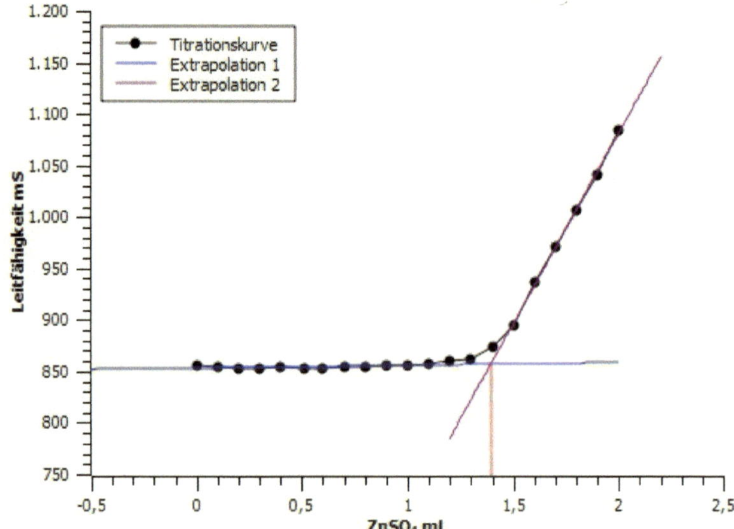

Geradengleichung: Extrapolation 1: 2.5631*x+853.2965

Extrapolation 2: 370*x+341

Der Äquivalenzpunkt ist der Schnittpunkt der Geraden:

2.5631*x+853.2965 = 370*x+341   -> x = 1,3942

Der ÄP liegt bei V(ZnSO$_4$) = 1,3942 mL

Auf 100 mL entspricht dies: V(ZnSO$_4$) = 1,3942 mL * 5 = 6,9712 mL

(3) Analyselösung 50 mL:

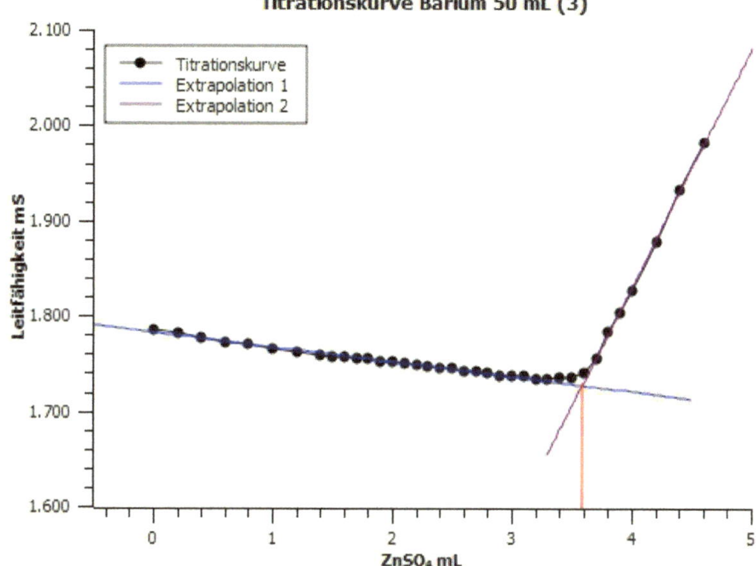

Geradengleichung: Extrapolation 1: -15.5035*x+1782.8602

Extrapolation 2: 250.9692*x+826.3260

Der Äquivalenzpunkt ist der Schnittpunkt der Geraden:

-15.5035*x+1782.8602 = 250.9692*x+826.3260   -> x = 3,5896

Der ÄP liegt bei $(ZnSO_4)$ = 3,5896 mL

Auf 100 mL entspricht dies: $V(ZnSO_4)$ = 3,5896 mL * 2 = 7,1792 mL

Der Mittelwert der Messungen beträgt (auf 100 mL gerechnet): $\bar{x}$ = 7,1033 mL

Berechnung des Ursprünglichen Bariumgehalts:

$n(ZnSO_4) = c(ZnSO_4) * V(ZnSO_4)$

$n(ZnSO_4) = n(Ba^{2+})$ am Äquivalenpunkt

$m(Ba^{2+}) = M(Ba^{2+}) * n(Ba^{2+}) = M(Ba^{2+}) * c(ZnSO_4) * V(ZnSO_4)$

$m(Ba^{2+}) = 137{,}327\ \frac{g}{mol} * 0{,}1\ \frac{mol}{L} * 0{,}0071033\ L = 0{,}09755\ g = 97{,}55\ mg$

<u>5.4 Fehlerquellen</u>

- Volumenfehler bei dem Auffüllen des Maßkolbens

- Ungenaue Messgeräte

- Fehler beim Ablesen der Skalen

- Verunreinigte Reagenzien

- ungenaues Titrieren

6. Flammenemmissionspektroskopie von Kalium

Bei der FES wird die Konzentration von (Erd-)Alkimetallen (hier: Kalium) mittels eines Photometers bestimmt. Die Probe wird mit einem Brenngas in eine Flamme eingebracht, angeregt und anhand der Photonenemmission die Konzentration des Metalls in der Probe bestimmt. Als Bezugspunkt dient eine selbstermittelte Kalibrierungsgerade aus zur Verfügung gestellten Kalibrierlösungen.

6.1 Probenvorbereitung

Die erhaltene Probe wird mit dest. Wasser auf 100 mL aufgefüllt. Davon werden 10 mL in einen neuen Maßkolben überführt und wieder auf 100 mL mit dest. Wasser aufgefüllt. Dadurch wird gewährleistet, dass man nicht im Sättigungsbereich des Photometers arbeitet und eine Eigenanregung der Atome wird ausgeschlossen. Der Verdünnungsfaktor beträgt 10.

6.2 Messungen:

Zunächst werden die Kalibrierlösungen bei λ = 766,5 nm, (= Absorptionsmaximum, ermittelt durch das FES-Gerät) gemessen:

	Konzentration [mg/L]	Emission
Kalibrierung 1	0,5000	0,0768
Kalibrierung 2	1,0000	0,1786
Kalibrierung 3	1,5000	0,3110
Kalibrierung 4	2,0000	0,4298

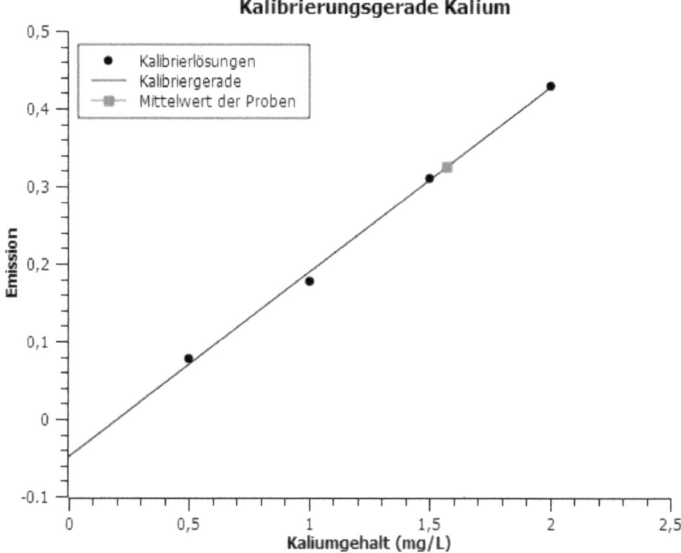

Geradengleichung:

E(c)= 0,2383c-0,0488   umstellen nach c liefert: c = 4,1964E+0,2048

Messung der Probe bei λ = 766,5 nm:

	Konzentration [mg/L]	Emission
Probe 1	1,6468	0,3436
Probe 2	1,4701	0,3015
Probe 3	1,6883	0,3535
Probe 4	1,5755	0,3266
Probe 5	1,4655	0,3004

Arithmetisches Mittel des Messwerte: $\bar{x}$ = 1,5692 mg/L

Über die gemessenen Werte (bzw. dem Mittelwert), der aufgestellten Kalibrierungsgeraden und dem Verdünnungsfaktor kann die ursprüngliche Konzentration berechnet werden:

$c_{verdünnt}(K^+)$ = 1,5692 mg/L

$c_{ursprünglich}(K^+)$ = $c_{verdünnt}(K^+)$*10 = 15,692 mg/L

= 1,57 mg/100mL

- ungenaue Kalibrierlösungen

- inkonstante Flamme, d.h. keine einheitliche Emission

- Diskrepanzen im Volumen der Geräte

- ungenaues Pipettieren bzw. Verdünnen

7. Ionenchromatographie

Bei diesem Verfahren wird mit Hilfe eines Chromatographen quantitativ festgestellt, wie hoch die Konzentration von drei verschiedenen Anionen in einer unbekannten Probe ist.

7.1 Versuchsparameter

Es wurden folgende Parameter gewählt:

Injektionsvolumen: 1,0 µL

Eluent: 1 mmol/L $NaHCO_3$ / 3,5 mmol/L Na_2CO_3

Fluss: 1,00 mL/min

Temperatur: 20,0°C

Druck: 59,0 bar

Vor der Messung wurden 2 mL Reinstwasser eingespritzt. Danach wurde die zu bestimmende Probe injiziert (etwa 1 mL).

7.2 Messung

Messwerte:

Peaknummer	Retentionszeit [min]	Fläche [µS/cm*sec]
1	3,17	10,839
2	4,27	0,770
3	6,67	20,241
4	7,26	20,167

Tabelle der möglicherweise enthaltenen Ionen, mit Retentionszeit:

Retentionszeit [min]	Name des Ions
3,19	Fluorid
4,29	Clorid
5,94	Bromid
6,66	Nitrat
7,42	Phosphat
8,50	Sulfat

Aus der Tabelle ist abzulesen, dass die in der unbekannten Probe enthaltenen Ionen Fluorid, Nitrat und Phosphat sind. Die Fläche des zweiten Peaks (Chlorid) ist so klein, dass es sich hierbei wahrscheinlich nur um eine Verunreinigung handelt.

7.3 Auswertung

Es wurden im Voraus zu der Probenmessung Kalibrierungen durchgeführt, anhand denen die Konzentration bestimmt werden kann, denn die gemessene Peakfläche ist proportional zur Konzentration des jeweiligen Ions.

7.3.1 Flourid:

Kalibrierlösung	Konzentration [mg/L]	Peakfläche [µS/cm*sec]
1	2,0	20,363
2	5,0	54,640
3	10,0	115,241

Kalibriergerade:

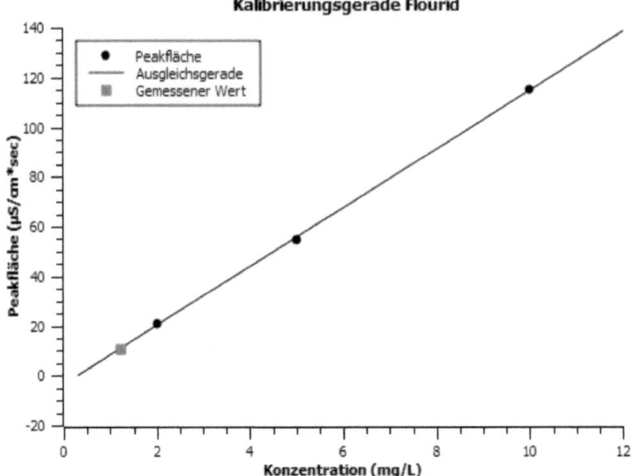

Peakfläche = 11.8557*c-3.6765

$$c = \frac{10{,}839+3{,}6765}{11{,}8557} = 1{,}22$$

Die Konzentration beträgt $c(F^-) = 1{,}22$ mg/L

7.3.2 Nitrat

Kalibrierlösung	Konzentration [mg/L]	Peakfläche [µS/cm*sec]
1	2,0	7,756
2	5,0	20,090
3	10,0	41,451

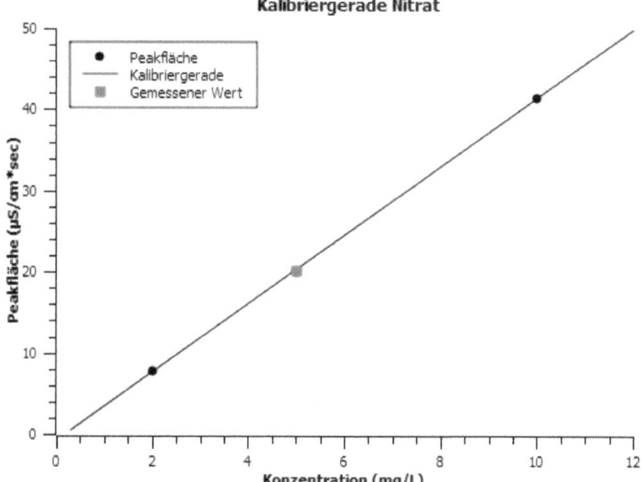

Peakfläche = 4.2180*c-0.8032

$$c = \frac{20{,}241 + 0{,}8032}{4{,}2180} = 4{,}99$$

Die Konzentration beträgt $c(NO_3^-) = 4{,}99$ mg/L

7.3.3 Phosphat

Kalibrierlösung	Konzentration [mg/L]	Peakfläche [µS/cm*sec]
1	2,0	3,888
2	5,0	10,242
3	10,0	21,025

Kalibriergerade:

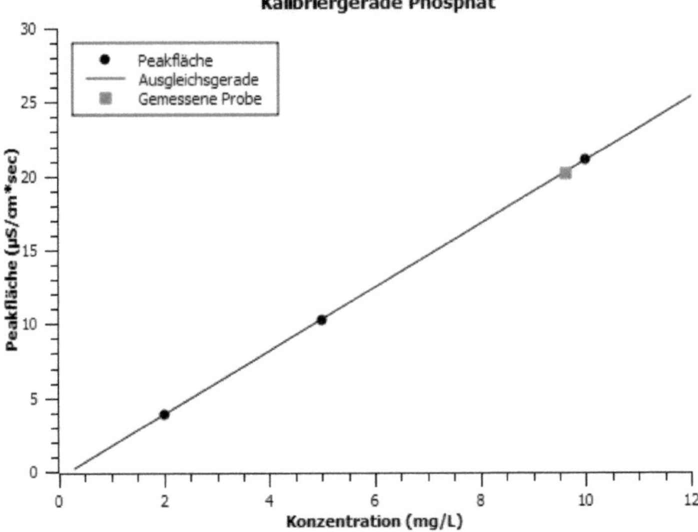

Peakfläche = 2.1436*c-0,4287

$$c = \frac{20{,}167 + 0{,}4287}{2{,}1436} = 9{,}61$$

Die Konzentration beträgt $c(PO_4^{3-})$ = 9,61 mg/L

4

<u>7.4 Fehleranalyse</u>

- Messfehler des Chromatographen

- verunreinigte Probe

- Fehler in der Auswertung

8. Argentometrie Cl⁻ nach Mohr

Bei diesem Verfahren, wird eine Probe mit unbekanntem Gehalt an Cl⁻ mit 0,1 M $AgNO_3$ titriert und somit schwerlösliches AgCl gefällt. Nach Fällung aller Chloridionen wird der anfangs hinzugegebene Indikator K_2CrO_4 zu Ag_2CrO_4 gefällt. Die Lösung wird rotbraun.

8.1 Versuchsvorbereitung

Der Maßkolben mit der erhaltenen Analyse wird auf 100 mL mit dest. Wasser aufgefüllt und es werden zweimal 20 mL und einmal 50 mL entnommen, jeweils in ein Becherglas überführt und mit $AgNO_3$ titriert. Es wird K_2CrO_4, welches hier als Indikator fungiert, denn wenn alle Chloridionen gefällt sind, fällt rotbraunes Ag_2CrO_4 aus. Die Konzentration des Indikators sollte bei ca. $5,0 * 10^{-3}$ mol/L liegen (bei 20 mL Probe ca. 0,37 mL). Zusätzlich muss der pH-Wert zwischen 6,5 und 10,5 liegen. Ist die Lösung zu sauer liegt Dichromat vor, welches nicht zur Genüge mit Ag+, als $Ag_2Cr_2O_7$ ausfällt. Ist der pH-Wert zu hoch kann AgOH oder Ag_2CO_3 ausfallen. Zusätzlich ist zu beachten, dass die Löslichkeitsprodukte stark temperaturabängig sind.

8.2 Messwerte

Messung	Volumen der Probelösung [ml]	$V(AgNO_3)$ [mL]
1	20	6,25
2	20	6,25
3	50	15,65

Mittelwert: $\bar{x}$ = 6,253 mL   (auf 20 mL Probelösung berechnet)

8.3 Berechnung c(Cl⁻)

Am Umschlagspunkt: $n(Cl^-) = n(AgNO_3)$

$n(AgNO_3) = c(AgNO_3) * V(AgNO_3)$

$m(Cl^-) = M(Cl^-) * n(Cl^-) = M(Cl^-) * c(AgNO_3) * V(AgNO_3)$

$m(Cl^-) = 35,453 \frac{g}{mol} * 0,1 \frac{mol}{L} * 0,006253\ L * 5 = 0,11085\ g = 110,85\ mg$

8.4 Fehleranalyse

- Volumenfehler beim Verdünnen und Auffüllen des Maßkolbens

- Verunreinigte Geräte oder Reagenzien

- ungenaues Titrieren

- Farbumschlag nicht richtig erkannt

- Hohe Labortemperatur (gemessen: ca. 27°C)

9. Atomabsorptionsspektroskopie (AAS): Bestimmung von Eisen und Mangan

Bei dieser Analyse wird die Probe mit einem Brenngas und einem oxidierenden Gas in eine Flamme eingebracht und atomisiert. Das monochrome Licht einer Hohlkathodenlampe (auf die zu bestimmenden Spezies abgestimmt) regt die Atome an und anhand des Intensitätsabnahme kann die Konzentration der Spezies in Lösung bestimmt werden.

9.1 Probenvorbereitung

Die erhaltene Probe wird mit dest. Wasser auf 100 mL aufgefüllt. Die derzeitige Konzentration beträgt 20-90 mg/100mL (200-900 mg/L $\triangleq$ 200-900 ppm). Aus diesem Kolben werden 10 mL entnommen, in einen neuen Messkolben gegeben und wieder auf 100 mL mit dest. Wasser aufgefüllt. Um in den Konzentrationsbereich der Kalibrierlösungen zu gelangen, werden wieder 10 mL abpippetiert, in einen neuen Maßkolben gegeben und mit deionisiertem Wasser auf 100 mL aufgefüllt. Die Konzentration (2-9 mg/L $\triangleq$ 2-9 ppm) bewegt sich nun innerhalb dem, von den Kalibrierlösungen gegeben, Bereich. Der Verdünnungsfaktor beträgt für beide Spezies 100.

9.2 Bestimmung der Menge an Eisen

Zuerst werden die Kalibrierlösungen bei λ = 248,3 nm gemessen.

	Konzentration [mg/L]	Absorption
Kalibrierlösung 1	2,0000	0,0283
Kalibrierlösung 2	5,0000	0,0690
Kalibrierlösung 3	10,0000	0,1203

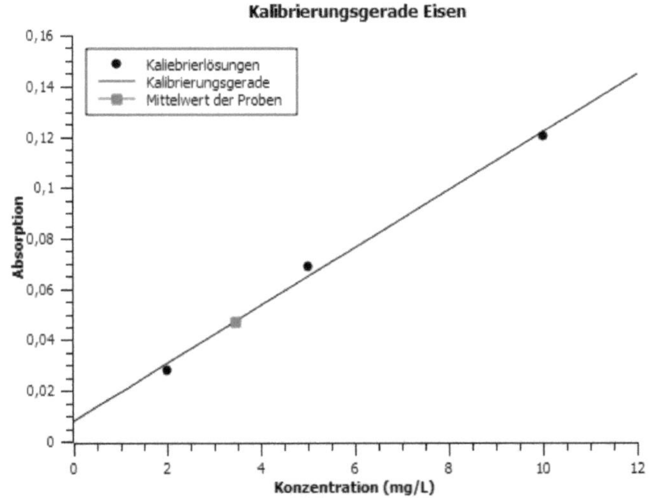

Geradengleichung:

Abs(c) = 0,0114c+0,0078   umstellen nach c liefert: c = 87,7193Abs(c)-0,6842

Messung der Probe:

	Konzentration [mg/L]	Absorption
Probe 1	3,4041	0,0468
Probe 2	3,5536	0,0485
Probe 3	3,3601	0,0463
Probe 4	3,4217	0,0470

Mittelwert der Probenmessungen: $\bar{x}$= 3,4348 mg/L

Mithilfe der Kalibriergeraden und den Messwerten kann folgende Eisenionenkonzentration ermittelt werden:

$c_{verdünnt}(Fe^{3+})$ = 3,4348 mg/L

Unter Verwendung des Verdünnungsfaktors wird die Konzentration der Urprobe bestimmt:

$c_{ur}(Fe^{3+})$ = $c_{verdünnt}(Fe^{3+})$*100 = 343,48 mg/L

$\qquad\qquad$ = 34,35 mg/100mL

9.3 Bestimmung der Menge an Mangan

Zuerst werden wieder die Kalibrierlösungen bei λ = 279,5 nm gemessen.

	Konzentration [mg/L]	Absorption
Kalibrierlösung 1	1,0000	0,0375
Kalibrierlösung 2	4,0000	0,1413
Kalibrierlösung 3	10,0000	0,3306

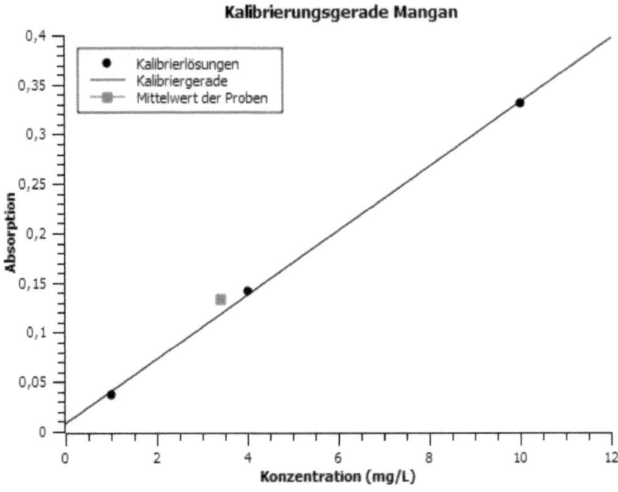

Geradengleichung:

Abs(c) = 0,0324c+0,0077   Umstellen nach c liefert: c = 30,8442-0,2377

	Konzentration [mg/L]	Absorption
Probe 1	3,8989	0,1341
Probe 2	3,9606	0,1361
Probe 3	3,9359	0,1353

Mittelwert der Probenmessung: $\bar{x}$ = 3,9318 mg/L

 Mittels des Mittelwertes und der Kalibriergeraden kann die Mangankonzentration bestimmt werden:

$c_{verdünnt}(Mn^{2+})$ = 3,9318 mg/L

Unter Verwendung des Verdünnungsfaktors wird die Konzentration der Urprobe bestimmt:

$c_{ur}(Mn^{2+})$ = $c_{verdünnt}(Mn^{2+})$*100 = 393,18 mg/L

= 39,32 mg/100mL

9.4 Fehlerquellen

- inkonstante Flamme des AAS-Gerätes

- ungenaues Verdünnen und Skalen ablesen

- Diskrepanzen im Volumen der Geräte

- ungenau Kalibrierlösungen

10. Konduktometrische Bestimmung von HCl/HAc

Es erfolgt eine Simultanbestimmung von HCl und HAc in einer Lösung mittels eines Konduktometers. Anhand der Titrationskurve kann über Extrapolation die Konzentration der jeweiligen Säure ermittelt werden.

10.1 Versuchsvorbereitung

Die unbekannte Analyse wird im Maßkolben auf 100 mL aufgefüllt und es werden zweimal 20 mL und einmal 50 mL mit einer Vollpipette entnommen, jeweils in ein Becherglas gegeben und mit 0,1 M NaOH titriert. Die 20 mL Proben werden zusätzlich mit dest. Wasser aufgefüllt bis die Leitfähigkeitsmesselektrode zur Genüge in die Lösung eintaucht. Zusätzlich wird die Elektrode über eine Klemme und eine Muffe arretiert.

10.2 Messung

(1) 20 mL Probelösung:

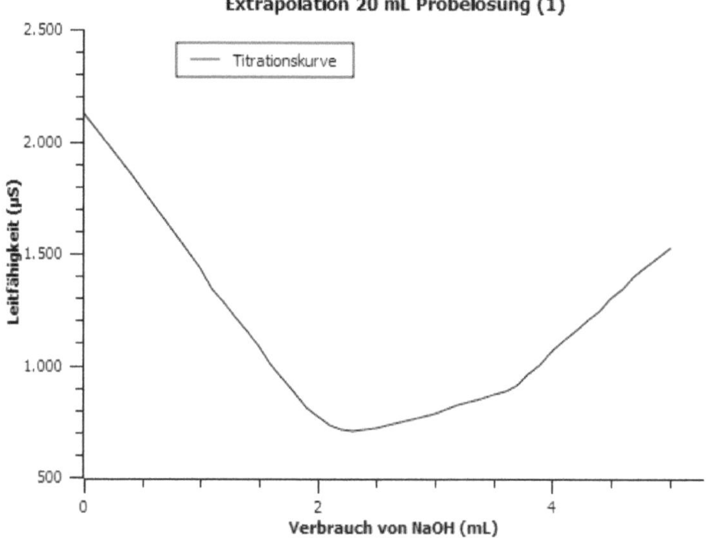

(2) 20 mL Probelösung:

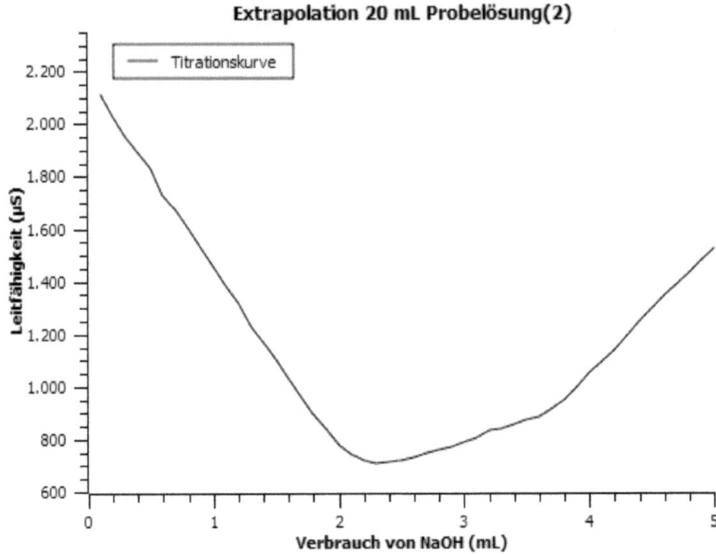

(3) 50 mL Probelösung:

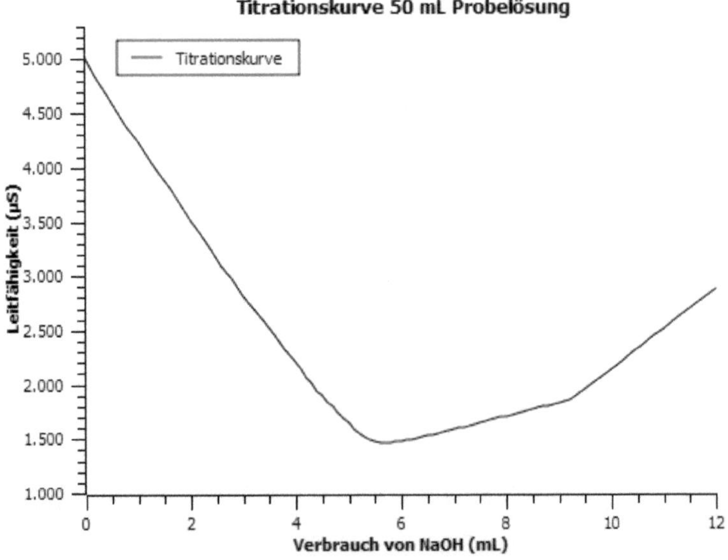

(1) 20 mL Probelösung:

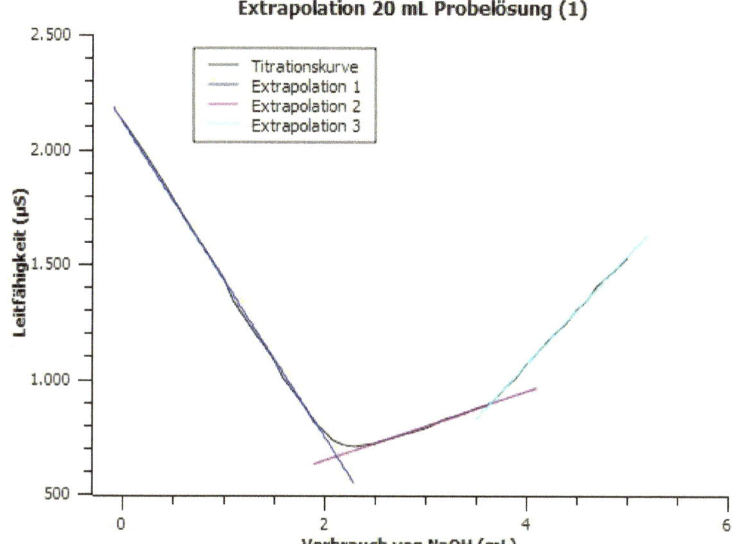

Verbrauchtes Volumen Natronlauge für HCl:

Extrapolation 1: y = -680.4137*x+2112.4425

Extrapolation 2: y = 150.9890*x+339.4176

Gleichsetzen: -680.4137*x+2112.4425 = 150.9890*x+339.4176

x = 2,1326   ->Am Äquivalenzpunkt ist V(NaOH) = 2,1326 mL

              -> auf 100 mL: V(NaOH) = 10,663 mL

Verbrauchtes Volumen Natronlauge für Essigsäure:

Extrapolation 2: y = 150.9890*x+339.4176

Extrapolation 3: y = 473.3516*x-834.3626

Gleichsetzen: 150.9890*x+339.4176 = 473.3516*x-834.3626

x = 3,6412 – 2,1326 = 1,5086   -> Am Äquivalenzpunkt ist V(NaOH) = 1,5086 mL

              -> auf 100 mL: V(NaOH) = 7,543 mL

(2) 20 mL Probelösung:

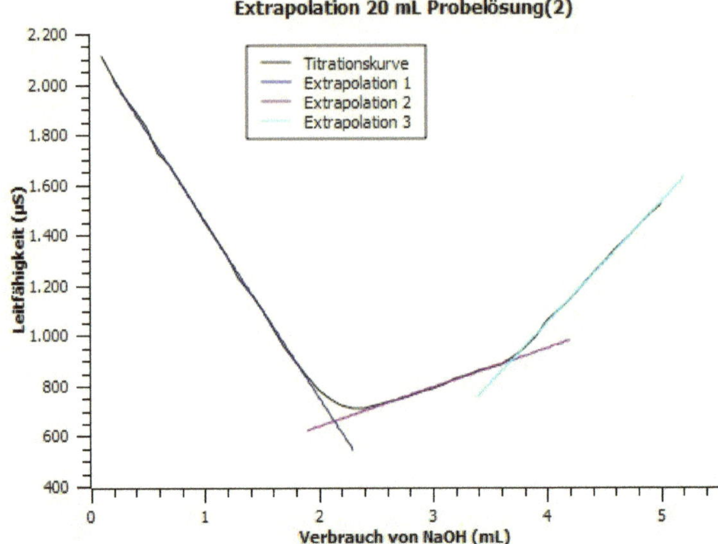

Verbrauchtes Volumen Natronlauge für HCl:

Extrapolation 1: y = -703.2987*x+2162.3939

Extrapolation 2: y = 154.8252*x+328.7832

Gleichsetzen: -703.2987*x+2162.3939 = y = 154.8252*x+328.7832

x = 2,1368   -> Am Äquivalenzpunkt ist V(NaOH) = 2,1368 mL

           -> auf 100 mL: V(NaOH) = 10,864 mL

Verbrauchtes Volumen Natronlauge für Essigsäure:

Extrapolation 2: y = 154.8252*x+328.7832

Extrapolation 3: y = 480.9890*x-875.5055

Gleichsetzen: 154.8252*x+328.7832 = 480.9890*x-875.5055

x = 3,6923 – 2,1368 = 1,5555   -> Am Äqivalenzpunkt ist V(NaOH) = 1,5555 mL

                   -> auf 100 mL: V(NaOH) = 7,7775 mL

(3) 50 mL Probelösung:

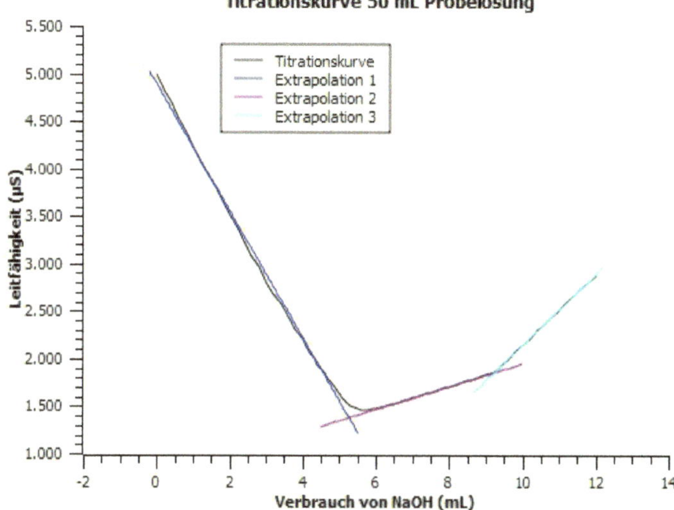

Verbrauchtes Volumen Natronlauge für HCl:

Extrapolation 1: y = -665.1560*x+4887.5531

Extrapolation 2: y = 119.6574*x+750.4533

Gleichsetzen: -665.1560*x+4887.5531 = 119.6574*x+750.4533

x = 5,2714   -> Am Äquivalenzpunkt ist V(NaOH = 5,2714 mL

                 -> auf 100 mL: V(NaOH) = 10,5428 mL

Verbrauchtes Volumen Natronlauge für Essigsäure:

Extrapolation 2: y = 119.6574*x+750.4533

Extrapolation 3: y = 374.0909*x-1601.3636

Gleichsetzen: 119.6574*x+750.4533 = 374.0909*x-1601.3636

x = 9,2433 – 5,2714 = 3,9719   -> Am Äquivalenzpunkt ist V(NaOH) = 3,9719 mL

                     -> auf 100 mL: V(NaOH) = 7,9438 mL

Mittelwert aus allen Messungen

$\overline{x}$(HCl) = 10,690 mL

$\bar{x}(HAc) = 7{,}755$ mL

Berechnung des Salzsäuregehalts der Urlösung:

$n(NaOH) = n(HCl)$ am Äquivalenzpunkt

$n(NaOH) = c(NaOH) * V(NaOH)$

$m(HCl) = M(HCl) * n(HCl) = M(HCl) * c(NaOH) * V(NaOH)$

$m(HCl) = 36{,}461$ g/mol $* 0{,}1$ mol/l $* 0{,}010690$ L $= 0{,}03898$ g $= 38{,}98$ mg

Berechnung des Essigsäuregehalts der Urlösung:

$n(NaOH) = n(HAc)$ am Äquivalenzpunkt

$n(NaOH) = c(NaOH) * V(NaOH)$

$m(HAc) = M(HAc) * n(HAc) = M(HAc) * c(NaOH) * V(NaOH)$

$m(HAc) = 60{,}048$ g/mol $* 0{,}1$ mol/L $* 0{,}007755$ L $= 0{,}04657$ g $= 46{,}57$ mg

10.4 Fehleranalyse

- Volumenfehler beim Pipettieren und Verdünnen

- ungenaues Ablesen des Skalen

- verunreinigte Reagenzien

- Messfehler durch Konduktometer

11. Komplexometrische Titration mit EDTA

Eine unbekannte Probe, die verschiedene Erdalkalimetalle enthält wird mit EDTA (Etylendiamtetraessigsäure) titriert. Wenn alle Ionen komplexiert sind ändert sich die Farbe der Lösung, denn der anfangs zugegebene Indikator Eriochromschwarz T wird nur komplexiert und dadurch ändert sich dessen Farbigkeit.

11.1 Versuchsvorbereitung

Die erhaltene Analyse wird im Maßkolben mit destilliertem Wasser auf 100 mL aufgefüllt. Anschließend werden zweimal 20 mL und einmal 50 mL abpipettiert und in jeweils in ein Becherglas gegeben. Jede Lösung wird mit ca. 2 mL konz. NH_3 versetzt damit der pH-Wert > 10 ist, dann nur dann liegt EDTA als Tetraanion vor. Zusätzlich wird eine Indikatorpuffertablette in jede Lösung gegeben, die den Indikator Eriochromschwarz T enthält. Die Lösung ist Anfangs rot. Anschließend wird jede der drei Lösungen bis zum

scharfen Umschlagspunkt nach grün titriert. Anhand der verbrauchten Menge 0,1 M EDTA
Lösung kann auf die Urkonzentration von Calcium und Magnesium zurückgerechnet werden.

11.2 Messung

Messung	Volumen der Probelösung [mL]	Volumen EDTA [mL]
1	20	5,5
2	20	5,45
3	50	13,7

11.3 Beerchnungen

Jedes Teilchen EDTA kann nur ein Metallion binden. Es besteht ein sehr einfacher
Zusammenhang zwischen V(EDTA) und $m(Ca^{2+})$ bzw. $m(Mg^{2+})$:

$$1 \text{ mL EDTA } (0,1 \text{ mol/L}) \triangleq 4,008 \text{ mg Ca}$$

Damit lässt sich für aus jeder Messung die Urkonzentration bestimmen:

Messung 1:

$$m(Ca^{2+}) = 5,5 * 5 * 4,008 \text{ mg} = 110,22 \text{ mg}$$

Messung 2:

$$m(Ca^{2+}) = 5,45 * 5 * 4,008 \text{ mg} = 109,2 \text{ mg}$$

Messung 3:

$$m(Ca^{2+}) = 13,7 * 2 * 4,008 \text{ mg} = 109,82 \text{ mg}$$

Arithmetisches Mittel:

$$\bar{x}(Ca^{2+}) = 109,75 \text{ mg}$$

<u>11.4 Fehleranalyse</u>

- Volumenfehler beim Auffüllen bzw. Pipettieren

- Verschmutzte Geräte oder Reagenzien

- Ungenaues Ablesen der Skalen

- Umschlagspunkt nicht gut gedeutet

12. Potentiometrische Bestimmung von H_3PO_4

Im Zuge dieser Analyse wird die Masse an Phosphorsäure in einer gegebenen Lösung über eine Säure-Base-Titration bestimmt. Dabei wird die unbekannte Probe mit einer 0,1M NaOH titriert, der pH-Wert gemessen und anhand des Verbrauchs an Natronlauge am Äquivalenzpunkt auf die ursprüngliche Masse von H_3PO_4 zurückgerechnet.

<u>12.1 Probenvorbereitung</u>

Die gegebene Maßkolben wird mit deion. Wasser auf 100 mL aufgefüllt und es werden 2 x 20 mL und 1 x 50 mL entnommen und titriert.

(1) Analyselösung 20 mL:

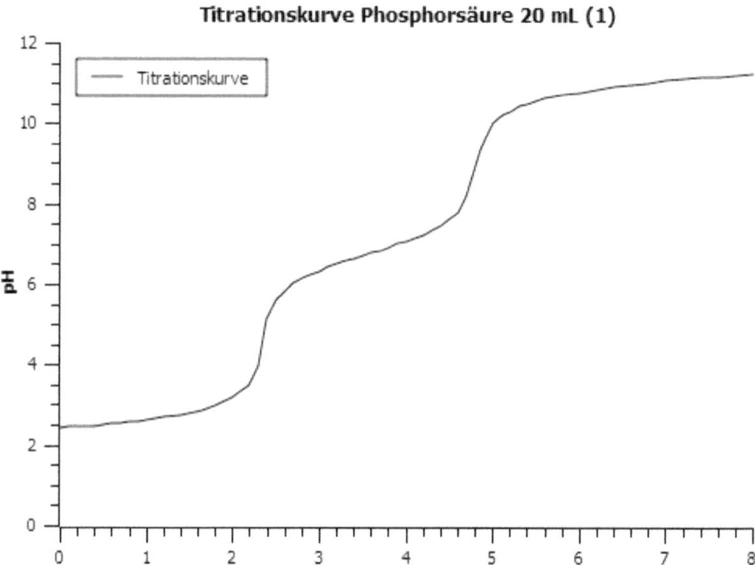

(2) Analyselösung 20 mL:

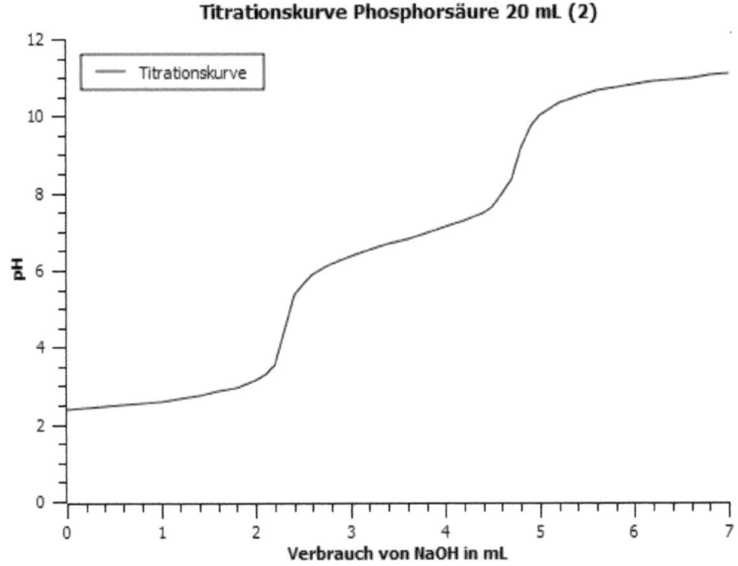

(3) Analyselösung 50 mL:

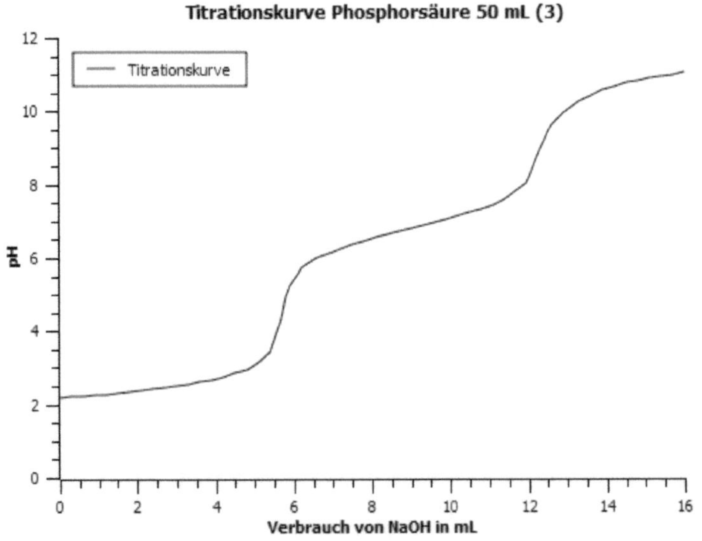

<u>12.3 Auswertung</u>

Die Titrationskurve weist zwei Äquivalenzpunkte auf. Zur Bestimmung der Menge an NaOH, die benötigt worden ist muss der erste Äquivalenzpunkt betrachtet werden, denn hier gilt $n(H_3PO_4) = n(NaOH)$, d.h. sämtliche Phosphorsäuremoleküle haben ihr erstes Proton abgegeben. Der Äquivalenzpunkt ist Wendepunkt der Kurve und kann somit über die zweite Ableitung bestimmt werden. Hierbei ist nur das erste Maximum zu betrachten. Aus den identischen Stoffmengen kann auf die ursprüngliche Masse der Phosphorsäure zurück-gerechnet werden.

(1) 2. Ableitung der Titrationskurve von 20 mL Maßlösung:

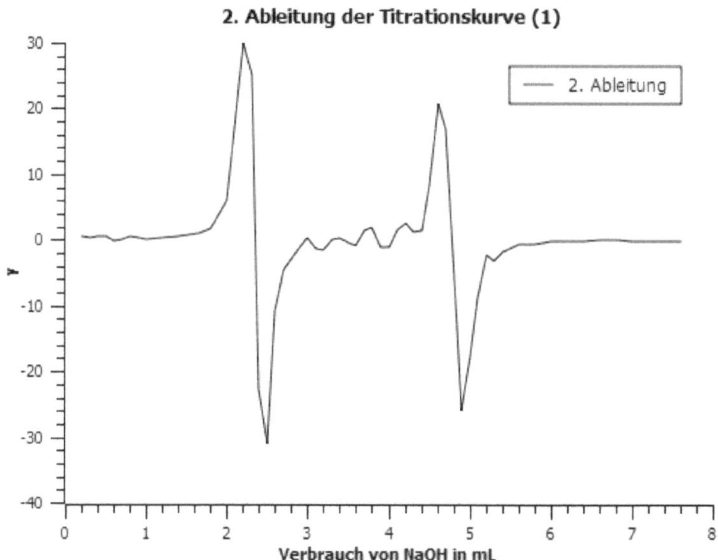

Der erste Äquivalenzpunkt liegt bei V(NaOH) = 2,2 mL.

$\underline{n(NaOH)} = c(NaOH) * V(NaOH) = c(H_3PO_4) * V(H_3PO_4) = \underline{n(H_3PO_4)}$

$n(H_3PO_4) = c(NaOH) * V(NaOH)$

$m(H_3PO_4) = c(NaOH) * V(NaOH) * M(H_3PO_4) = 0,1\,\frac{mol}{L} * 0,0022\,L * 98\,\frac{g}{mol}$

$= 0,021558g = \underline{21,56\ mg}$

Bezogen auf die Urprobe:

$$m_0(H_3PO_4) = 21{,}56 \text{ mg} * 5 = 107{,}8 \text{ mg} \qquad \triangleq \qquad 107{,}8\,\frac{mg}{100\ mL}$$

(2) 2. Ableitung der Titrationskurve von 20 mL Maßlösung:

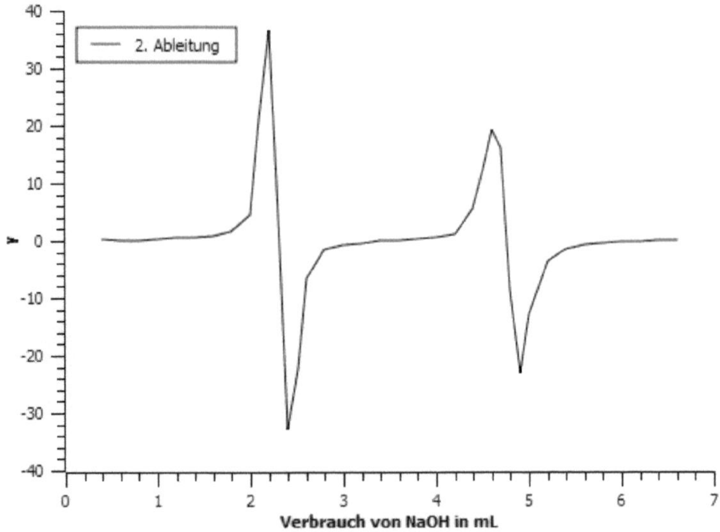

Der erste Äquivalenzpunkt liegt bei V(NaOH) = 2,2 mL

Es gelten dieselben Beziehungen wie bei (1), daraus folgt:

$$m(H_3PO_4) = c(NaOH) * V(NaOH) * M(H_3PO_4) = 0{,}1\,\frac{mol}{L} * 0{,}0022 \text{ L} * 98\,\frac{g}{mol}$$

$$= 0{,}021558g = \underline{21{,}56 \text{ mg}}$$

Bezogen auf die Urprobe:

$$m_0(H_3PO_4) = 21{,}56 \text{ mg} * 5 = 107{,}8 \text{ mg} \qquad \triangleq \qquad 107{,}8\,\frac{mg}{100\ mL}$$

(3) 2. Ableitung der Titrationskurve von 50 mL Maßlösung:

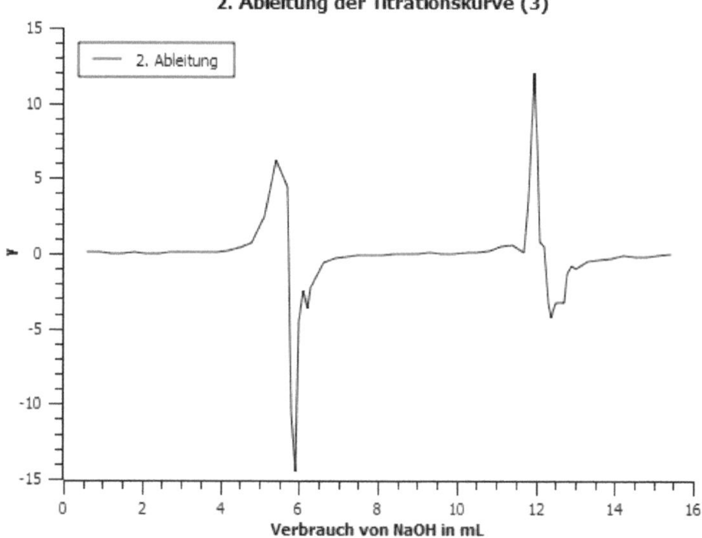

Der erste Äquivalenzpunkt liegt bei V(NaOH) = 5,4 mL

Es gelten dieselben Beziehungen wie bei (1), daraus folgt:

$$m(H_3PO_4) = c(NaOH) * V(NaOH) * M(H_3PO_4) = 0{,}1\,\frac{mol}{L} * 0{,}0054\ L * 98\,\frac{g}{mol}$$

$$= 0{,}052914g = \underline{52{,}91\ mg}$$

Bezogen auf die Urprobe:

$$-> m_0(H_3PO_4) = 52{,}91\ mg * 2 = 105{,}8\ mg \quad \triangleq \quad 105{,}8\,\frac{mg}{100\ mL}$$

Aus den Ergebnissen kann das arithmetische Mittel der Massen pro 100 mL aufgestellt werden:

$$\bar{x} = 107{,}13\,\frac{mg}{100\ mL}$$

<u>12.4 Fehlerquellen</u>

- Volumenfehler durch ungenaues Pipettieren

- Verunreinigte Geräte

- Ungenaues Auffüllen der Analyse im Maßkolben

- Ablesefehler an der Bürette beim Titrieren

13. Gravimetrie

Mit Hilfe einer Gravimetrischen Analysemethode können absolut Mengen bestimmter Ionen in Lösung bestimmt werden. Allerdings ist dies eine Einelementanalyse und bedarf großen Aufwand. Im Folgenden soll die Menge an Ni^{2+} in einer gegeben Lösung bestimmt werden. Dazu wird es aus warmer Lösung mit Diacetyldioxim komplexometrisch gefällt, über einen Glasfiltertigel abfiltriert und anschließend auf einer Präzisionswaage ausgewogen. Über das Stoffmengenverhältnis Ni^{2+}/Diacetyldioxim kann auf die Menge an Ni^{2+} zurück gerechnet werden.

<u>13.1 Vorbereitung</u>

Der Glasfilertigel (NEU! -> keine Reinigung mit Königswasser nötig) wird auf einer Vakuumpumpe mit dest. Wasser mehrfach durchgespült und anschließend zwei Wochen in einen Trockenschrank bei 110 – 120 °C gestellt. Danach wird er zum Auskühlen ca. eine Stunde in einen Exikator gestellt und anschließend gewogen, um das Leergewicht zu ermitteln.

<u>13.2 Versuchsdurchführung</u>

Die Probelösung wird auf 100 mL aufgefüllt und in ein 500 mL Becherglas restlos überführt, wobei der Maßkolben mehrmals mit dest. Wasser ausgespült wird. Die Lösung wird nun bei 150 °C bis kurz vor den Siedepunkt auf dem Magnetrührer erhitzt und es werden wenige Tropfen verdünnte HCl hinzugefügt. Wenn die entsprechende Temperatur erreicht ist wird 75 mL 0,1 %iges Diacetyldioxim dazugegeben und solange mit verdünntem NH_3 versetzt, bis die Lösung einen leichten Ammoniakgeruch behält. An dieser Stelle wird der Komplex gebildet. Die Lösung wird nun eine Stunde bei 35 °C ruhen gelassen, wobei gelegentlich umgerührt wird.
Anschließend wird der Komplex über den erkalteten Glasfiltertigel abfiltriert (eine Vakuumpumpe beschleunigt den Vorgang), wobei wiederum darauf zu achten ist, dass keine Rückstände im Becherglas verbleiben. Das Waschwasser des ersten Filtrierens wird mit konz. NH_3 versetzt um sicherzugehen, dass alles Ni^{2+} komplexiert worden sind (kein neuer Niederschlag entsteht) -> negativ. Der Tigel wird nun noch 3x mit ca. 100 mL dest. H_2O gewaschen um Cl^- - Ionen zu beseitigen. Das letzte Waschwasser wird mit $AgNO_3$ im sauren auf Cl^- getestet -> negativ. Zuletzt wird der Glasfiltertigel wieder in den Trockenschrank gestellt um diesen zu dehydrieren.

13.3 Auswertung

Der Glasfiltertigel wird im regelmäßigem Abstand von je einer Woche von dem Trockenschrank in den Exikator gestellt, damit er auskühlt und anschließend gewogen. Danach wird er wieder in den Trockenschrank zurückstellt, um ihn Wasserfrei zu halten.

Leergewicht des Glasfiltertigels: 29,455(6) g

Glasfiltertigel mit Nickelkomplex: 1. 30,005(6) g

                                     2. 30,006(2) g

                                     3. 30,005(7) g

Mittelwert der Messungen mit Nickelkomplex: $\bar{x}$ = 30,0058 g

Gewicht des Komplexes:

m(Diacetyldioxim) = m(Gt, voll) − m(Gt, leer) = 30,0058 g − 29,4556 g = 0,5502 g

Reaktionsgleichung:

$$Ni^{2+} + 2\ C_4H_8N_2O_2 \rightarrow Ni(C_4H_7N_2O_2)_2\downarrow + 2\ H^+$$

$$2 * M(C_4H_7N_2O_2) = 230{,}2\ \frac{g}{mol}$$

$$M(Ni^{2+}) = 58{,}7\ \frac{g}{mol}$$

Verhältnis der Molmassen = gravimetrischer Faktor λ_{grav}

$$m(Ni^{2+}) = \lambda_{grav} * m(Ni(C_4H_7N_2O_2)_2) = \frac{M(Ni^{2+})}{M(Ni(C_4H_7N_2O_2)_2)} * m(Ni(C_4H_7N_2O_2)_2)$$

$$= \frac{58{,}7\ \frac{g}{mol}}{288{,}7\ \frac{g}{mol}} * 0{,}5501\ g = 0{,}11187\ g = \underline{111{,}87\ mg}$$

13.4 Mögliche Fehlerquellen

- Volumenfehler beim Auffüllen des Maßkolbens

- Volumenfehler beim Überführen in das Becherglas

- Verunreinigte Chemikalien und Gerätschaften

- Rückstände des Komplexes bei Überführung in den Glasfiltertigel

- Genauigkeit der Analysewaage